❶ はじめに

双子のパラドックスは次のような内容である．兄が宇宙船で光に近い速さで宇宙を旅行して地球に帰ってくると，兄の時間が弟より若くなっている．一方，兄から見れば，弟のいる地球が動いているため，弟の方が時間の経過が遅くなっているはずである．地球に戻ってきたときにどちらの時間が実際に遅れているのかが分からない，というのが双子のパラドックスである．

この問題は，兄が加速度運動をしたことで弟とは運動の状態が対称ではなくなり，兄の方が遅れていると説明される．この説明は，多くの啓蒙書でなされているが，定量的に説明しているものは少ない．そこで，ここでは，兄から見た弟の時間，弟から見た兄の時間を理論的に求めて，兄の方が時間が遅れていることを示す．

ここでは，慣性系と加速度系の間の座標変換式を使って時間の遅れを求める．慣性系と加速度系の間の座標変換式は以下のとおりである．この式の求め方は，付録に示してある．
(編注：表紙上段は地球座標系から見た $X-T$ グラフ，下段は宇宙船座標から見た $x-t$ グラフ)

$$\begin{cases} X = L + \left(x + \dfrac{1}{\alpha}\right) \cosh(\alpha w + u_0) - \dfrac{1}{\alpha} \cosh u_0 \\ W = \left(x + \dfrac{1}{\alpha}\right) \sinh(\alpha w + u_0) - \dfrac{1}{\alpha} \sinh u_0 \end{cases} \quad (1)$$

ここで，

$$\alpha = \frac{g}{c^2},\ W = cT,\ w = ct,\ \cosh u_0 = \frac{1}{\sqrt{1-v_0^2/c^2}},\ \sinh u_0 = \frac{v_0/c}{\sqrt{1-v_0^2/c^2}}$$

ここで定義した u_0 は v_0/c に対応する変数であり (u_0 の定義から $v_0/c = \tanh u_0$ となる)，特殊相対性理論の速度の合成則が u の和として表される便利な変数である．

慣性系の座標は大文字のアルファベット X, T, W を使い，加速度系の座標は小文字のアルファベット x, t, w を使う．それぞれの座標軸は同じ方向を向いているものとし，加速度系は，X 方向に一定の加速度 g で加速度運動するものとする[*1]．

慣性系で $T = 0$ のとき，加速度系の原点 $x = 0$ は $X = L$ の位置にあり，その時の速度は v_0 とする．また，このとき，加速度系の時刻は $t = 0$ とする．

式 (1) の逆変換式も示しておく．

$$\begin{cases} \left(x + \dfrac{1}{\alpha}\right)^2 = \left(X - L + \dfrac{1}{\alpha}\cosh u_0\right)^2 - \left(W + \dfrac{1}{\alpha}\sinh u_0\right)^2 \\ \tanh(\alpha w + u_0) = \dfrac{W + \frac{1}{\alpha}\sinh u_0}{X - L + \frac{1}{\alpha}\cosh u_0} \end{cases} \quad (2)$$

[*1] 慣性系から見ると，加速度系の速度が光速に近づくにつれ加速度は小さくなるので，ここで言う一定の加速度とは，宇宙船を加速させている力（これは一定）を F，静止質量を m としたとき，$F = mg$ で表される g のことである．

宇宙船は，以下の 4 つの事象を経ていくものとする．カッコ内は，地球から見たときの各事象の時空座標である（空間は X 座標のみ考える）．

- 事象 0：地球を出発 (T_0, X_0)
- 事象 1：等速度へ移行 (T_1, X_1)
- 事象 2：減速開始 (T_2, X_2)
- 事象 3：停止 (T_3, X_3)

これから，大文字のアルファベットで示した座標は地球から見た座標系とし，小文字のアルファベットで示した座標は，宇宙船から見た座標系とする．

時刻 T_0 で宇宙船は地球を出発する．出発するときの初速は 0 である．時刻 T_1 まで等加速度運動を行い，速度が v_1 となったときに等速度運動に変わる．この時の位置を X_1 とする．等速度運動の後，時刻 T_2 で等加速度で減速を始める．減速を始める時の位置を X_2 とする．減速の加速度は，T_1 までの加速度と同じ大きさでかつ向きが反対，すなわち $-g$ とする．速度が 0 になるまで減速し，その時刻を T_3 とする．この時の位置を X_3 とする．

時刻 T_0, T_1, T_2, T_3 のそれぞれの時間間隔を，ΔT_A, ΔT_B, ΔT_C とする．すなわち，$\Delta T_A = T_1 - T_0$, $\Delta T_B = T_2 - T_1$, $\Delta T_C = T_3 - T_2$ である．

同様のことを宇宙船でも設定する．すなわち，各事象の時空座標は宇宙船から見て，事象 0：(t_0, x_0)，事象 1：(t_1, x_1)，事象 2：(t_2, x_2)，事象 3：(t_3, x_3) であり，$\Delta t_a = t_1 - t_0$, $\Delta t_b = t_2 - t_1$, $\Delta t_c = t_3 - t_2$ とする．言うまでもないことであるが，x_0, x_1, x_2, x_3 は宇宙船の位置であり，すべて 0 である．

以上を表にまとめると，以下のようになる．

	地球時間	地球座標での X	宇宙船時間	宇宙船座標での x
事象 0：地球出発	T_0	X_0	t_0	x_0
行程 A	ΔT_A	ΔX_A	Δt_a	Δx_a
事象 1：等速度へ移行	T_1	X_1	t_1	x_1
行程 B	ΔT_B	ΔX_B	Δt_b	Δx_b
事象 2：減速開始	T_2	X_2	t_2	x_2
行程 C	ΔT_C	ΔX_C	Δt_c	Δx_c
事象 3：停止	T_3	X_3	t_3	x_3

❷ 座標変換式

❶ 行程 A

行程 A では，式 (1) で $L = 0$，$v_0 = 0$ であるから，座標変換式は以下のようになる．

$$\begin{cases} X = \left(x + \dfrac{1}{\alpha}\right)\cosh(\alpha w) - \dfrac{1}{\alpha} \\ W = \left(x + \dfrac{1}{\alpha}\right)\sinh(\alpha w) \end{cases} \tag{3}$$

逆変換は以下となる．

$$\begin{cases} \left(x+\dfrac{1}{\alpha}\right)^2 = \left(X+\dfrac{1}{\alpha}\right)^2 - W^2 \\ \tanh(\alpha w) = \dfrac{W}{X+\frac{1}{\alpha}} \end{cases} \tag{4}$$

❷ 行程 B

行程 B では，慣性系同士での座標変換であるから，ローレンツ変換となるが，慣性系と加速度系の間の座標変換式と記号を合わせるため，式 (5) のように書くことにする．

$$\begin{cases} X' = X_1 + x'\cosh u_1 + w'\sinh u_1 \\ W' = x'\sinh u_1 + w'\cosh u_1 \end{cases} \tag{5}$$

ローレンツ変換式と比較すれば分かるように，$\cosh u_1, \sinh u_1$ は以下のようになる．

$$\cosh u_1 = \dfrac{1}{\sqrt{1 - v_1^2/c^2}}, \quad \sinh u_1 = \dfrac{v_1/c}{\sqrt{1 - v_1^2/c^2}} \tag{6}$$

ここでは，事象 1 の時刻を $T=0$ としているので，行程 A の座標変数と全く同じではない．このため，X, W, x, w に「′」を付けて，行程 A の座標と区別している．ただし，X の原点は地球にしてあり，それは行程 A の座標変換と同じである．

逆変換は以下となる．

$$\begin{cases} x' = (X' - X_1)\cosh u_1 - W'\sinh u_1 \\ w' = -(X' - X_1)\sinh u_1 + W'\cosh u_1 \end{cases} \tag{7}$$

❸ 行程 C

行程 C では，式 (1) で $L = X_2$, $v_0 = v_1$ であり，加速度はマイナスであるから，α を正として，座標変換式は以下のようになる．

$$\begin{cases} X'' = X_2 + \left(x'' - \dfrac{1}{\alpha}\right)\cosh(-\alpha w'' + u_1) + \dfrac{1}{\alpha}\cosh u_1 \\ W'' = \left(x'' - \dfrac{1}{\alpha}\right)\sinh(-\alpha w'' + u_1) + \dfrac{1}{\alpha}\sinh u_1 \end{cases} \tag{8}$$

逆変換は以下である．

$$\begin{cases} \left(x'' - \dfrac{1}{\alpha}\right)^2 = \left(X'' - X_2 - \dfrac{1}{\alpha}\cosh u_1\right)^2 - \left(W'' - \dfrac{1}{\alpha}\sinh u_1\right)^2 \\ \tanh(-\alpha w'' + u_1) = \dfrac{W'' - \frac{1}{\alpha}\sinh u_1}{X'' - X_2 - \frac{1}{\alpha}\cosh u_1} \end{cases} \tag{9}$$

$\cosh u_1, \sinh u_1$ は，行程 B と同じものである．

ここでも，事象 2 の時刻を $T=0$ としているので，行程 A, 行程 B の座標変数と全く同じということではない．このため，X, W, x, w に「″」を付けて，行程 A, 行程 B の座標と区別している．また，X の原点は地球にしてある．

❹ v_1, X_1, X_2, X_3 の値

初めに，v_1, X_1, X_2, X_3 を求めておく必要がある．それには，宇宙船の運動方程式を解けばよい．

運動方程式は
$$\frac{dP}{dT} = mg \tag{10}$$
である．これを解くと，速度 v と位置 X が次のように求まる（求め方は，式 (1) の求め方を記載した付録を参照）．初期条件として，$T = 0$ で $v = v_0$, $X = L$ としている．

$$\begin{cases} v = \dfrac{c\,(\alpha W + \sinh u_0)}{\sqrt{1 + (\alpha W + \sinh u_0)^2}} \\ X = L + \dfrac{1}{\alpha}\left(\sqrt{1 + (\alpha W + \sinh u_0)^2} - \cosh u_0\right) \end{cases} \tag{11}$$

記号の意味は式 (1) と同じである．再度記載すると，以下のとおり．

$\alpha = \dfrac{g}{c^2}$, $W = cT$, $\cosh u_0 = \dfrac{1}{\sqrt{1 - v_0^2/c^2}}$, $\sinh u_0 = \dfrac{v_0/c}{\sqrt{1 - v_0^2/c^2}}$

行程 A での解は，$v_0 = 0, L = 0$ であるから，

$$\begin{cases} v = \dfrac{c\alpha W}{\sqrt{1 + (\alpha W)^2}} \\ X = \dfrac{1}{\alpha}\left(\sqrt{1 + (\alpha W)^2} - 1\right) \end{cases} \tag{12}$$

行程 C での解は，$v_0 = v_1, L = X_2$ であり，加速度はマイナスとなるから，α の代わりに $-\alpha$ として，

$$\begin{cases} v = \dfrac{c\,(-\alpha W + \sinh u_1)}{\sqrt{1 + (-\alpha W + \sinh u_1)^2}} \\ X = X_2 - \dfrac{1}{\alpha}\left(\sqrt{1 + (-\alpha W + \sinh u_1)^2} - \cosh u_1\right) \end{cases} \tag{13}$$

ちなみに，行程 B では等速度運動であるから，$v = v_1, X = X_1 + v_1 T$ となるが，これは式 (11) で α を 0 の極限としたものと同じである．

以上より，v_1, X_1, X_2, X_3 は以下のようになる．

1. v_1, X_1 は，式 (12) の W に $c\Delta T_A$ を入れれば求まる．

$$v_1 = \frac{c\alpha c\Delta T_A}{\sqrt{1 + (\alpha c\Delta T_A)^2}}, \quad X_1 = \frac{1}{\alpha}\left(\sqrt{1 + (\alpha c\Delta T_A)^2} - 1\right)$$

後に便利なように，v_1 から $\sinh u_1$, $\cosh u_1$ を求めておく．

式 (6) に上記で求めた v_1 を入れると，

$$v_1^2/c^2 = \frac{(\alpha c\Delta T_A)^2}{1 + (\alpha c\Delta T_A)^2}$$

であるから，
$$1 - v_1^2/c^2 = \frac{1}{1+(\alpha c \Delta T_A)^2}$$

従って，
$$\cosh u_1 = \frac{1}{\sqrt{1-v_1^2/c^2}} = \frac{1}{\frac{1}{\sqrt{1+(\alpha c \Delta T_A)^2}}} = \sqrt{1+(\alpha c \Delta T_A)^2}$$

同様にして，
$$\sinh u_1 = \alpha c \Delta T_A$$

これらを使うと，$v_1 = c \tanh u_1$，$X_1 = \frac{1}{\alpha}(\cosh u_1 - 1)$ が得られる．

2. X_2 は，$X = X_1 + v_1 T$ に，$T = \Delta T_B$ と上記の v_1, X_1 を入れれば求まる．
$$X_2 = X_1 + v_1 \Delta T_B = \frac{1}{\alpha}(\cosh u_1 - 1) + c \Delta T_B \tanh u_1$$

3. X_3 は，式 (13) の X の式で W に $c\Delta T_C$ を入れれば求まる．
$$X_3 = X_2 + \frac{1}{\alpha}\left(\cosh u_1 - \sqrt{1+(-\alpha c \Delta T_C + \sinh u_1)^2}\right)$$

ところで，式 (13) の v の式で W に $c\Delta T_C$ を入れると，v はゼロにならなければならないから，
$$0 = \frac{c(-\alpha c \Delta T_C + \sinh u_1)}{\sqrt{1+(-\alpha W + \sinh u_1)^2}}$$

$$\therefore \alpha c \Delta T_C = \sinh u_1 = \alpha c \Delta T_A$$

このように，ΔT_C と ΔT_A は等しいことが分かる．これを使うと，
$$X_3 = X_2 + \frac{1}{\alpha}(\cosh u_1 - 1) = \frac{1}{\alpha}(\cosh u_1 - 1) + c \Delta T_B \tanh u_1 + \frac{1}{\alpha}(\cosh u_1 - 1)$$
$$= \frac{2}{\alpha}(\cosh u_1 - 1) + c \Delta T_B \tanh u_1$$

このことから，行程 A と行程 C での移動距離は同じであることが分かる．

❸ 宇宙船の時間

地球から宇宙船を見たときの宇宙船の時間を求める．

地球から見たときの各行程の始まりと終わりの時空座標が，宇宙船の座標ではどうなるのかを座標変換式によって求める．それらの時間差が宇宙船での経過時間となる．

❶ 行程 A

行程 A の始まりの時空座標は $(0, 0)$ であり，終わりの座標は $(\Delta T_A, X_1)$ である．式 (4) を使えば，地球の $(0, 0)$ は宇宙船でも $(0, 0)$ であることが分かる．$(\Delta T_A, X_1)$ は次のようになる．

$$\begin{aligned}\left(x_1 + \frac{1}{\alpha}\right)^2 &= \left(X_1 + \frac{1}{\alpha}\right)^2 - (c\Delta T_A)^2 \\ &= \left(\frac{1}{\alpha}(\cosh u_1 - 1) + \frac{1}{\alpha}\right)^2 - (c\Delta T_A)^2 \\ &= \left(\frac{1}{\alpha}\cosh u_1\right)^2 - (c\Delta T_A)^2 \\ &= \left(\frac{1}{\alpha}\cosh u_1\right)^2 - \left(\frac{1}{\alpha}\sinh u_1\right)^2 = \left(\frac{1}{\alpha}\right)^2\end{aligned}$$

従って，$x_1 = 0$

時間の方は次のようになる．

$$\tanh(\alpha w_1) = \frac{c\Delta T_A}{X_1 + \frac{1}{\alpha}} = \frac{\frac{1}{\alpha}\sinh u_1}{\frac{1}{\alpha}\cosh u_1} = \tanh(u_1)$$

従って，$\alpha w_1 = u_1$

これは，$\alpha c t_1 = u_1$, $\Delta t_a = t_1 - 0 = t_1$ なので，

$$\Delta t_a = \frac{u_1}{\alpha c} = \frac{1}{\alpha c}\sinh^{-1}(\alpha c \Delta T_A)$$

となる．

なお，これを書きかえると，次のようになる．

$$\alpha c \Delta T_A = \sinh(\alpha c \Delta t_a)$$

❷ 行程 B

行程 B ではローレンツ変換となるので，時間の遅れは $\Delta t_B = \Delta T_B \sqrt{1 - v_1^2/c^2}$ であるが，ここでは，行程 A と同様に，始まりの時間と終わりの時間の差から求めてみる．

行程 B の始まりの時空座標は $(0, X_1)$ であり，終わりの座標は $(\Delta T_B, X_2)$ である．式 (7) を使うと $(0, X_1)$ は次のようになる．

$$\begin{aligned}x_1' &= (X_1 - X_1)\cosh u_1 - 0 \times \sinh u_1 = 0 \\ w_1' &= -(X_1 - X_1)\sinh u_1 + 0 \times \cosh u_1 = 0\end{aligned}$$

$(\Delta T_B, X_2)$ は以下となる.

$$\begin{aligned}
x_2' &= (X_2 - X_1)\cosh u_1 - c\Delta T_B \times \sinh u_1 \\
&= c\Delta T_B \tanh u_1 \times \cosh u_1 - c\Delta T_B \times \sinh u_1 \\
&= c\Delta T_B \times \sinh u_1 - c\Delta T_B \times \sinh u_1 \\
&= 0 \\
w_2' &= -(X_2 - X_1)\sinh u_1 + c\Delta T_B \times \cosh u_1 \\
&= -c\Delta T_B \tanh u_1 \times \sinh u_1 + c\Delta T_B \times \cosh u_1 \\
&= \frac{c\Delta T_B}{\cosh u_1}\left(-\sinh^2 u_1 + \cosh^2 u_1\right) \\
&= \frac{c\Delta T_B}{\cosh u_1} \quad \left[= c\Delta T_B \sqrt{1 - v_1^2/c^2}\right]
\end{aligned}$$

$c\Delta t_b = w_2' - w_1' = \dfrac{c\Delta T_B}{\cosh u_1}$ なので, $\Delta t_b = \dfrac{\Delta T_B}{\cosh u_1} = \dfrac{\Delta T_B}{\sqrt{1 + (\alpha c\Delta T_A)^2}}$

❸ 行程 C

行程 C の始まりの時空座標は $(0, X_2)$ であり, 終わりの座標は $(\Delta T_C, X_3)$ である. 式 (9) を使えば, $(0, X_2)$ は以下のようになる.

$$\begin{aligned}
\left(x_2'' - \frac{1}{\alpha}\right)^2 &= \left(X'' - X_2 - \frac{1}{\alpha}\cosh u_1\right)^2 - \left(W'' - \frac{1}{\alpha}\sinh u_1\right)^2 \\
&= \left(X_2 - X_2 - \frac{1}{\alpha}\cosh u_1\right)^2 - \left(0 - \frac{1}{\alpha}\sinh u_1\right)^2 \\
&= \left(-\frac{1}{\alpha}\cosh u_1\right)^2 - \left(-\frac{1}{\alpha}\sinh u_1\right)^2 \\
&= \left(-\frac{1}{\alpha}\right)^2 (\cosh^2 u_1 - \sinh^2 u_1) \\
&= \left(-\frac{1}{\alpha}\right)^2
\end{aligned}$$

従って, $x_2'' = 0$

時間の方は次のようになる.

$$\begin{aligned}
\tanh(-\alpha w_2'' + u_1) &= \frac{0 - \frac{1}{\alpha}\sinh u_1}{X_2 - X_2 - \frac{1}{\alpha}\cosh u_1} \\
&= \frac{-\frac{1}{\alpha}\sinh u_1}{-\frac{1}{\alpha}\cosh u_1} \\
&= \tanh u_1
\end{aligned}$$

従って, $w_2'' = 0$

$(\Delta T_C, X_3)$ は次のようになる.

$$
\begin{aligned}
\left(x_3'' - \frac{1}{\alpha}\right)^2 &= \left(X_3 - X_2 - \frac{1}{\alpha}\cosh u_1\right)^2 - \left(c\Delta T_C - \frac{1}{\alpha}\sinh u_1\right)^2 \\
&= \left\{\frac{1}{\alpha}(\cosh u_1 - 1) - \frac{1}{\alpha}\cosh u_1\right\}^2 - \left(c\Delta T_C - \frac{1}{\alpha}\sinh u_1\right)^2 \\
&= \left(-\frac{1}{\alpha}\right)^2 - \left(\frac{1}{\alpha}\sinh u_1 - \frac{1}{\alpha}\sinh u_1\right)^2 \\
&= \left(-\frac{1}{\alpha}\right)^2
\end{aligned}
$$

従って, $x_3'' = 0$

2 行目から 3 行目では, $\alpha c\Delta T_C = \sinh u_1$ を使った.

時間の方は次のようになる.

$$
\begin{aligned}
\tanh(-\alpha w_3'' + u_1) &= \frac{c\Delta T_C - \frac{1}{\alpha}\sinh u_1}{X_3 - X_2 - \frac{1}{\alpha}\cosh u_1} \\
&= \frac{c\Delta T_C - \frac{1}{\alpha}\sinh u_1}{\frac{1}{\alpha}(\cosh u_1 - 1) - \frac{1}{\alpha}\cosh u_1} \\
&= 0 \\
\therefore -\alpha w_3'' + u_1 &= 0 \\
\alpha w_3'' &= u_1
\end{aligned}
$$

$\alpha ct_3'' = u_1$, $\Delta t_c = t_3'' - 0 = t_3''$ なので, $\Delta t_c = \dfrac{u_1}{\alpha c} = \dfrac{1}{\alpha c}\sinh^{-1}(\alpha c\Delta T_A)$ となる.

これは, 行程 A と同じ時間である. すなわち, $\Delta t_c = \Delta t_a$ である.

❹ 全行程の時間

行程 A, B, C の宇宙船の時間を足し合わせると, 以下のとおりとなる.

$$
\begin{aligned}
\Delta t &= \Delta t_a + \Delta t_b + \Delta t_c \\
&= \frac{u_1}{\alpha c} + \frac{\Delta T_B}{\cosh u_1} + \frac{u_1}{\alpha c} \\
&= \frac{2u_1}{\alpha c} + \frac{\Delta T_B}{\cosh u_1} \\
&= \frac{2}{\alpha c}\sinh^{-1}(\alpha c\Delta T_A) + \frac{\Delta T_B}{\sqrt{1 + (\alpha c\Delta T_A)^2}}
\end{aligned}
$$

❹ 地球の時間

宇宙船から地球を見たときの地球の時間を求める．求め方は「宇宙船の時間」と同様であるが，違うのは，地球の位置での時間を求めるということである．つまり，宇宙船から見たときに地球の位置での時間差を求める．ここでは，宇宙船から見たときの地球の位置を x_e と置くことにする．また，宇宙船から見た地球の時間を $\overline{T}$ のように上に線を引いて表わす．

❶ 行程 A

宇宙船から見たとき，行程 A の始まりの時の地球の座標は $(0,0)$ であり，終わりの時の地球の座標は $(\Delta t_a, x_{e1})$ である．宇宙船の時間の行程 A と同様，宇宙船の $(0,0)$ は地球でも $(0,0)$ であることが分かる．終わりの時の地球の座標 $(\Delta t_a, x_{e1})$ をそのまま式 (3) に入れても地球座標系での値は求まらない．x_{e1} が求まっていないからである．そこで，式 (4) を使って W_1 を求める．x_{e1} は，地球座標系では $X=0$ であるから

$$\tanh(\alpha c \Delta t_a) = \frac{W_1}{0 + \frac{1}{\alpha}}$$

これから，$W_1 = \frac{1}{\alpha} \tanh(\alpha c \Delta t_a)$．

$\Delta t_a = \dfrac{u_1}{\alpha c}$ を使うと，$\alpha c \Delta t_a = u_1$ なので，$W_1 = \dfrac{1}{\alpha} \tanh u_1$

x_{e1} は，式 (3) の 1 番目の式から

$$0 = \left(x_{e1} + \frac{1}{\alpha}\right)\cosh(\alpha c \Delta t_a) - \frac{1}{\alpha}$$

$$0 = \left(x_{e1} + \frac{1}{\alpha}\right)\cosh u_1 - \frac{1}{\alpha}$$

$$\left(x_{e1} + \frac{1}{\alpha}\right)\cosh u_1 = \frac{1}{\alpha}$$

$$\therefore x_{e1} + \frac{1}{\alpha} = \frac{1}{\alpha}\frac{1}{\cosh u_1}$$

$$\therefore x_{e1} = \frac{1}{\alpha}\frac{1}{\cosh u_1} - \frac{1}{\alpha} = \frac{1}{\alpha}\left(\frac{1}{\cosh u_1} - 1\right)$$

初めと終わりの時間差を取ると，

$$c\Delta \overline{T_A} = W_1 - 0 = \frac{1}{\alpha}\tanh u_1$$

❷ 行程 B

宇宙船から見たとき，行程 B の始まりの時の地球の座標は $(0, x'_{e1})$ であり，終わりの時の地球の座標は $(\Delta t_b, x'_{e2})$ である．

x'_{e1} と x'_{e2} は未知なので，式 (7) を使う．始まりの座標は以下となる．

$$x'_{e1} = (0 - X_1)\cosh u_1 - W'_1 \sinh u_1$$
$$0 = -(0 - X_1)\sinh u_1 + W'_1 \cosh u_1$$

2 番目の式から，

$$0 = X_1 \sinh u_1 + W'_1 \cosh u_1$$

$$\therefore W'_1 = -X_1 \tanh u_1$$

1 番目の式から，

$$\begin{aligned} x'_{e1} &= (0-X_1)\cosh u_1 - W' \sinh u_1 \\ &= -X_1 \cosh u_1 - (-X_1 \tanh u_1)\sinh u_1 \\ &= -X_1 \frac{1}{\cosh u_1}\left(\cosh^2 u_1 - \sinh^2 u_1\right) \\ &= -\frac{X_1}{\cosh u_1} \end{aligned}$$

終わりの座標は以下となる．

$$x'_{e2} = (0 - X_1)\cosh u_1 - W'_2 \sinh u_1$$
$$c\Delta t_b = -(0 - X_1)\sinh u_1 + W'_2 \cosh u_1$$

2 番目の式から，
$$W'_2 = \frac{c\Delta t_b}{\cosh u_1} - X_1 \tanh u_1$$

1 番目の式から，

$$\begin{aligned} x'_{e2} &= (0-X_1)\cosh u_1 - W'_2 \sinh u_1 \\ &= -X_1 \cosh u_1 - \left(\frac{c\Delta t_b}{\cosh u_1} - X_1 \tanh u_1\right)\sinh u_1 \\ &= -c\Delta t_b \tanh u_1 - \frac{X_1}{\cosh u_1} \end{aligned}$$

初めと終わりの差を取ると，

$$c\Delta \overline{T_B} = W'_2 - W'_1 = \frac{c\Delta t_b}{\cosh u_1}$$

$$\Delta \overline{X_A} = x'_{e2} - x'_{e1} = -c\Delta t_b \tanh u_1 = -\Delta t_b v_1$$

ここで $v_1 = c \tanh u_1$ を使った.最後の式は,地球が v_1 の速さで Δt_b の時間移動していることを示している.

❸ 行程 C

宇宙船から見たとき,行程 C の始まりの時の地球の座標は $(0, x''_{e2})$ であり,終わりの時の地球の座標は $(\Delta t_c, x''_{e3})$ である.

x''_{e2} と x''_{e3} は未知なので,式 (9) の 2 番目の式を使う.$X'' = 0$ なので,始まりの座標は以下となる.

$$\tanh(0 + u_1) = \frac{W''_2 - \frac{1}{\alpha}\sinh u_1}{0 - X_2 - \frac{1}{\alpha}\cosh u_1}$$

$$\therefore \tanh u_1 = \frac{W''_2 - \frac{1}{\alpha}\sinh u_1}{-X_2 - \frac{1}{\alpha}\cosh u_1}$$

$$\therefore W''_2 - \frac{1}{\alpha}\sinh u_1 = \left(-X_2 - \frac{1}{\alpha}\cosh u_1\right)\tanh u_1$$

$$\therefore W''_2 = \frac{1}{\alpha}\sinh u_1 - \left(X_2 + \frac{1}{\alpha}\cosh u_1\right)\tanh u_1 = -X_2 \tanh u_1 = -X_2 v_1/c$$

式 (8) の 1 番目の式から

$$0 = X_2 + \left(x''_{e2} - \frac{1}{\alpha}\right)\cosh(0 + u_1) + \frac{1}{\alpha}\cosh u_1$$

$$\therefore \left(x''_{e2} - \frac{1}{\alpha}\right)\cosh u_1 = -X_2 - \frac{1}{\alpha}\cosh u_1$$

$$\therefore x''_{e2} \cosh u_1 = -X_2$$

$$\therefore x''_{e2} = -\frac{X_2}{\cosh u_1}$$

終わりの座標は以下となる.

$$\tanh(-\alpha c \Delta t_c + u_1) = \frac{W''_3 - \frac{1}{\alpha}\sinh u_1}{0 - X_2 - \frac{1}{\alpha}\cosh u_1}$$

$\Delta t_c = \dfrac{u_1}{\alpha c}$ より,$\alpha c \Delta t_c = u_1$ なので $-\alpha c \Delta t_c + u_1 = 0$

従って,$\tanh(0) = \dfrac{W''_3 - \frac{1}{\alpha}\sinh u_1}{0 - X_2 - \frac{1}{\alpha}\cosh u_1}$

左辺は 0 であるから，

$$\therefore W_3'' - \frac{1}{\alpha}\sinh u_1 = 0$$

$$\therefore W_3'' = \frac{1}{\alpha}\sinh u_1$$

x_{e3}'' は式 (8) の 1 番目の式から

$$\begin{aligned}
0 &= X_2 + \left(x_{e3}'' - \frac{1}{\alpha}\right)\cosh(-\alpha c\Delta t_c + u_1) + \frac{1}{\alpha}\cosh u_1 \\
0 &= X_2 + \left(x_{e3}'' - \frac{1}{\alpha}\right)\cosh(0) + \frac{1}{\alpha}\cosh u_1 \\
0 &= X_2 + \left(x_{e3}'' - \frac{1}{\alpha}\right) + \frac{1}{\alpha}\cosh u_1 \\
x_{e3}'' &= -X_2 + \frac{1}{\alpha} - \frac{1}{\alpha}\cosh u_1 \\
x_{e3}'' &= -X_2 - \frac{1}{\alpha}(\cosh u_1 - 1)
\end{aligned}$$

初めと終わりの時間差は以下となる．

$$c\Delta\overline{T_C} = W_3'' - W_2'' = \frac{1}{\alpha}\sinh u_1 - (-X_2\tanh u_1) = \frac{1}{\alpha}\sinh u_1 + X_2\tanh u_1$$

❹ 全行程の時間

行程 A，B，C の（宇宙船から見た）地球の時間を足し合わせると，以下のとおりとなる．

$$\begin{aligned}
c\Delta\overline{T} &= c\Delta\overline{T_A} + c\Delta\overline{T_B} + c\Delta\overline{T_C} \\
&= \frac{1}{\alpha}\tanh u_1 + \frac{c\Delta t_b}{\cosh u_1} + \frac{1}{\alpha}\sinh u_1 + X_2\tanh u_1 \\
&= \left(\frac{1}{\alpha} + X_2\right)\tanh u_1 + \frac{1}{\alpha}\sinh u_1 + \frac{c\Delta t_b}{\cosh u_1} \\
&= \left\{\frac{1}{\alpha} + \frac{1}{\alpha}(\cosh u_1 - 1) + c\Delta T_B\tanh u_1\right\}\tanh u_1 \\
&\quad + \frac{1}{\alpha}\sinh u_1 + \frac{1}{\cosh u_1}\frac{c\Delta T_B}{\cosh u_1} \\
&= \left(\frac{1}{\alpha}\cosh u_1 + c\Delta T_B\tanh u_1\right)\tanh u_1 + \frac{1}{\alpha}\sinh u_1 + \frac{c\Delta T_B}{\cosh^2 u_1} \\
&= \frac{1}{\alpha}\sinh u_1 + c\Delta T_B\tanh^2 u_1 + \frac{1}{\alpha}\sinh u_1 + \frac{c\Delta T_B}{\cosh^2 u_1} \\
&= \frac{1}{\alpha}\sinh u_1 + c\Delta T_B\tanh^2 u_1 + \frac{1}{\alpha}\sinh u_1 + c\Delta T_B\left(1 - \tanh^2 u_1\right) \\
&= \frac{2}{\alpha}\sinh u_1 + c\Delta T_B \\
&= 2c\Delta T_A + c\Delta T_B
\end{aligned}$$

$$\therefore \Delta \overline{T} = 2\Delta T_A + \Delta T_B$$

従って，宇宙船から見た地球の時間は，地球で経過している時間と同じになる．

❺ まとめ

ここで宇宙船から見た地球の時間 $\Delta \overline{T_A}, \Delta \overline{T_B}, \Delta \overline{T_C}$ を $\Delta T_A, \Delta T_B, \Delta T_C$ を使って書き直すと以下の通りとなる．

$$\begin{cases} \Delta \overline{T_A} = \frac{1}{\alpha} \tanh u_1 = \dfrac{\Delta T_A}{\sqrt{1 + (\alpha c \Delta T_A)^2}} \\ \Delta \overline{T_B} = \dfrac{\Delta T_B}{1 + (\alpha c \Delta T_A)^2} \\ \Delta \overline{T_C} = 2\Delta T_A - \dfrac{\Delta T_A}{\sqrt{1 + (\alpha c \Delta T_A)^2}} + \dfrac{\Delta T_B (\alpha c \Delta T_A)^2}{1 + (\alpha c \Delta T_A)^2} \end{cases}$$

地球での時間，宇宙船での時間，及び宇宙船から見た地球の時間をまとめると，下表のとおりとなる．

	地球時間	宇宙船時間	宇宙船から見た地球の時間
行程A	ΔT_A	$\frac{1}{\alpha c} \sinh^{-1} (\alpha c \Delta T_A)$	$\dfrac{\Delta T_A}{\sqrt{1 + (\alpha c \Delta T_A)^2}}$
行程B	ΔT_B	$\dfrac{\Delta T_B}{\sqrt{1 + (\alpha c \Delta T_A)^2}}$	$\dfrac{\Delta T_B}{1 + (\alpha c \Delta T_A)^2}$
行程C	ΔT_A	$\frac{1}{\alpha c} \sinh^{-1} (\alpha c \Delta T_A)$	$2\Delta T_A - \dfrac{\Delta T_A}{\sqrt{1 + (\alpha c \Delta T_A)^2}} + \dfrac{\Delta T_B (\alpha c \Delta T_A)^2}{1 + (\alpha c \Delta T_A)^2}$
合計	$2\Delta T_A + \Delta T_B$	$\frac{2}{\alpha c} \sinh^{-1} (\alpha c \Delta T_A) + \dfrac{\Delta T_B}{\sqrt{1 + (\alpha c \Delta T_A)^2}}$	$2\Delta T_A + \Delta T_B$

❻ 付録

慣性系と加速度系の間の座標変換式は式 (1) のとおりである．この式の求め方を以下に示す．

初めに，慣性系から見た，等加速度運動をする質点の運動を求める必要がある．

運動方程式は以下の通りである.
$$\frac{dP}{dT} = mg \tag{14}$$
ここで運動量 P は，次のものである.
$$P = \frac{mv}{\sqrt{1-v^2/c^2}}$$
式 (14) の右辺は T とは無関係の定数なので，式 (14) は直ちに積分できて，以下となる.
$$\frac{mv}{\sqrt{1-v^2/c^2}} - \frac{mv_0}{\sqrt{1-v_0^2/c^2}} = mgT$$
v_0 は $T = 0$ のときの速度である．この式から v を求める式に変形すると，
$$v = \frac{V + gT}{\sqrt{1 + \frac{(V+gT)^2}{c^2}}} \tag{15}$$
ここで $V = \frac{v_0}{\sqrt{1-v_0^2/c^2}}$ とおいた．

v を T で積分すれば，位置 X が求まる．$T = 0$ のとき $X = L$ とすると，
$$X = L + \frac{c^2}{g}\left[\sqrt{1 + \frac{(V+gT)^2}{c^2}} - \sqrt{1+V^2/c^2}\right] \tag{16}$$

以上の v と X を以下の記号を使って書き換えると，式 (17) となるが，これは式 (11) と同じものである.
$$\alpha = \frac{g}{c^2},\ W = cT,\ \cosh u_0 = \frac{1}{\sqrt{1-v_0^2/c^2}},\ \sinh u_0 = \frac{v_0/c}{\sqrt{1-v_0^2/c^2}}$$
$$\begin{cases} v = \dfrac{c\left(\alpha W + \sinh u_0\right)}{\sqrt{1 + (\alpha W + \sinh u_0)^2}} \\ X = L + \dfrac{1}{\alpha}\left(\sqrt{1 + (\alpha W + \sinh u_0)^2} - \cosh u_0\right) \end{cases} \tag{17}$$

もう 1 つ求めるべき関係式がある．それは，質点の固有時である．固有時は $d\tau = dT\sqrt{1-v^2/c^2}$ から求められる．この式に式 (15) の v を入れて積分すれば τ が求まる.
$$\tau = \int_0^T \frac{dT}{\sqrt{1 + \frac{(V+gT)^2}{c^2}}}$$
$s = \dfrac{V+gT}{c}$ とおくと,

$$\tau = \int_{\frac{V}{c}}^{\frac{V+gT}{c}} \frac{c/g}{\sqrt{1+s^2}} ds = \frac{c}{g}\left[\sinh^{-1} s\right]_{\frac{V}{c}}^{\frac{V+gT}{c}} = \frac{c}{g}\left[\sinh^{-1}\left(\frac{V+gT}{c}\right) - \sinh^{-1}\left(\frac{V}{c}\right)\right]$$

$u_0 = \sinh^{-1}\left(\dfrac{V}{c}\right)$ とおくと,

$$\sinh u_0 = \frac{V}{c} = \frac{v_0/c}{\sqrt{1-v_0^2/c^2}}$$

従って,
$$\tau = \frac{c}{g}\left[\sinh^{-1}\left(\frac{V+gT}{c}\right) - u_0\right] \tag{18}$$

この式を変形して T を求める式にすると,
$$T = \frac{c}{g}\left[\sinh\left(\frac{g}{c}\tau + u_0\right) - \sinh u_0\right] \tag{19}$$

この式を使うと,式 (11) を τ の関数として表すことができる.
$$\begin{cases} v = c\tanh\left(\alpha c\tau + u_0\right) \\ X = L + \dfrac{1}{\alpha}[\cosh\left(\alpha c\tau + u_0\right) - \cosh u_0] \end{cases} \tag{20}$$

X と $W\,(=cT)$ を並べて書くと
$$\begin{cases} X = L + \dfrac{1}{\alpha}[\cosh\left(\alpha c\tau + u_0\right) - \cosh u_0] \\ W = \dfrac{1}{\alpha}[\sinh\left(\alpha c\tau + u_0\right) - \sinh u_0] \end{cases} \tag{21}$$

式 (21) は,固有時が τ のとき,慣性系から見たときの質点の位置 X と時間 W を与える式である.さらに,これを座標変換の式と見なすこともできる.すなわち,質点とともに動く加速度系を考えると,加速度系での x 座標が 0,時間 τ の点が,慣性系のどの点に座標変換されるかを示す式である.

完全な座標変換式として使うためには,加速度系での x 座標が 0 以外の点での変換式が必要である.それには,加速度系での x 座標が 0 と違っている分だけ,慣性系での座標に補正をすればよい.それぞれの式に補正項を追加するのが自然であると思われる.すなわち,
$$\begin{cases} X = L + \dfrac{1}{\alpha}[\cosh\left(\alpha w + u_0\right) - \cosh u_0] + f(x,w) \\ W = \dfrac{1}{\alpha}[\sinh\left(\alpha w + u_0\right) - \sinh u_0] + g(x,w) \end{cases} \tag{22}$$

という形をしているものとする.なお,τ のかわりに $w\,(=c\tau)$ を使っている.

さて,この f, g の求め方であるが,瞬間静止系を使って求められる.瞬間静止系とは,ある瞬間において,質点が止まっていると見なせる慣性系である.瞬間静止系はその瞬間において加速度系と完全に 1 対 1 対応しており,また,瞬間静止系と慣性系の間にはローレンツ変換式が成り立つので,加速度系と慣性系の間の関係が求まるのである.

瞬間静止系を X', W' とし,慣性系に対する速度を v とすれば,ローレンツ変換式は以下となる.

$$\begin{pmatrix} X \\ W \end{pmatrix} = \frac{1}{\sqrt{1-v^2/c^2}} \begin{pmatrix} 1 & v/c \\ v/c & 1 \end{pmatrix} \begin{pmatrix} X' \\ W' \end{pmatrix}$$

v は，式 (20) で与えられる．従って，

$$\begin{pmatrix} X \\ W \end{pmatrix} = \begin{pmatrix} \cosh(\alpha w + u_0) & \sinh(\alpha w + u_0) \\ \sinh(\alpha w + u_0) & \cosh(\alpha w + u_0) \end{pmatrix} \begin{pmatrix} X' \\ W' \end{pmatrix}$$

今必要なのは，ある瞬間において加速度系での x 座標が 0 と違っている分の補正であるから，上記の式で $W' = 0$ としたときの X, W が求める補正項である．すなわち，

$$X = X'\cosh(\alpha w + u_0), \quad W = X'\sinh(\alpha w + u_0)$$

瞬間静止系と加速度系は 1 対 1 対応しているから，$X' = x$, $W' = w$ となる．従って，

$$f = x\cosh(\alpha w + u_0), \quad g = x\sinh(\alpha w + u_0)$$

これを式 (22) に入れると，慣性系と加速度系の間の座標変換式が求まる．

$$\begin{cases} X = L + \dfrac{1}{\alpha}\left[\cosh(\alpha w + u_0) - \cosh u_0\right] + x\cosh(\alpha w + u_0) \\ W = \dfrac{1}{\alpha}\left[\sinh(\alpha w + u_0) - \sinh u_0\right] + x\sinh(\alpha w + u_0) \end{cases} \tag{23}$$

この式を整理すると，式 (1) となる．

「双子のパラドックス」の定量計算

2013 年 12 月 31 日 初版発行
著 者　嵐田 源二（あらしだ げんじ）
図 版　牧野 貴樹（まきの たかき）
発行者　星野 香奈（ほしの かな）
発行所　同人集合 暗黒通信団（http://www.mikaka.org/~kana/）
　　　　〒277-8691 千葉県柏局私書箱 54 号 D 係
頒　価　200 円 / ISBN978-4-87310-196-5 C0042

間違いはどんどん指摘ください．本書の一部または全部を無断で複写，複製，転載，ファイル化等することは勘弁して下さい．

ⒸCopyright 2013 暗黒通信団　　　　Printed in Japan